懂懂鸭/著

十二生肖◇申猴

天干地支

十二生肖◇亥猪

四象◇东青龙

四象◇西白虎

给孩子的中国历法书

五行◇木

十二生肖◇戌狗

電子工業出版社
Publishing House of Electronics Industry
北京·BEIJING

我们身边的天干地支

天干和地支与古代的历法有关，简称干支。干支里面的不少字，是现代日常用语里的常客。

成语俗语

丁是丁，卯是卯：形容做事认真，丝毫不含糊。

寅吃卯粮：比喻经济困难，入不敷出。

时间单位

用于纪时，比如古代的午时就相当于今天的 11 点到 13 点。

用于纪年，比如 2022 年是壬寅年，2023 年是癸卯年。

等级评议

代表比赛级别高低的足球甲级联赛、乙级联赛等。

代表能力水平的普通话一级甲等、三级乙等。

合约签署

签署合约时，提出目标的叫甲方，完成工作的叫乙方。

代表风景优美程度的“桂林山水甲天下”。

文学作品

茅盾的长篇小说《子夜》和鲁迅的短篇小说《孔乙己》。

历史学科

商朝帝王起名的规律“日名制”，即前一个字是区别字，后一个字是“十天干”中的某个字。比如商纣王的名字就叫帝辛。

地理学科

子午线，地球仪上连接南北两极的辅助线，也叫经线。

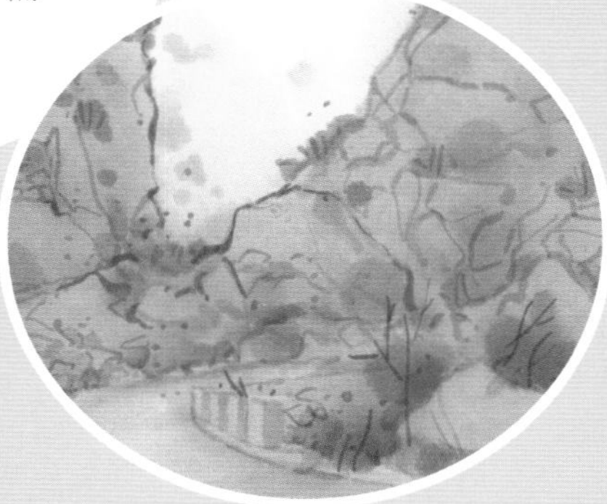

子午谷，位于陕西省西安市。三国时期，蜀汉从这里快速行军可在十天内攻打到长安，所以诸葛亮北伐曹魏时，魏延便提出了领五千精兵奇袭长安的“子午谷奇谋”，但未被采纳。

东汉晚期的黄巾起义，爆发在甲子年，所以口号里有“岁在甲子”。

化学物质

甲烷，俗称瓦斯，化学式 CH_4。

乙醇，俗称酒精，化学式 C_2H_5OH。

现在你肯定对它们不陌生了。甲、乙、丙、丁、戊、己、庚、辛、壬、癸称为“十天干”，子、丑、寅、卯、辰、巳、午、未、申、酉、戌、亥称为“十二地支”。

天干地支的**起源**

传说，干支是黄帝的史官大挠（náo）创制的。也有人认为，天干和地支分别源自羲和"生十日"、常羲"生十二月"的神话传说。干支的发明标志着最原始的历法的出现。

大挠作甲子

大挠是黄帝时期记载历史的官员，他善于观察，通过研究天地之间的自然规律，总结出了十天干与十二地支，为原始历法做出了巨大贡献。

历法是什么呢？历法是为了配合人们日常生活的需要，根据天象而制定的计算时间的方法。我们平时常说的"公历"或"农历"就是历法的一种。

羲和生十日，常羲生十二月

在《山海经》里，干支的发明更显唯美奇幻。相传羲和与常羲都是上古天帝帝俊的妻子。羲和是太阳之母，生了十个太阳。常羲是月亮之母，生了十二个月亮。常羲经常在月落之后给孩子们洗澡，这就是神话传说"常羲沐月"的由来。

太阳之母羲和

太阳之母和月亮之母只是神话传说中的人物，其实羲和与常羲都是黄帝时期的官职名称。黄帝为了制定历法，让“羲和占日，常仪占月”，也就是观测太阳和月亮运行的规律，这里常仪指的是常羲。由此可见，黄帝时期人们就有了时间的概念。

这些都是传说，天干和地支最初的起源现在还没有定论，不过可以确定的是，殷商时期就已出现甲、乙、丙、丁等十个计算和记载数目的文字，称为天干。天干与地支结合，可以用来记录年、月、日、时等。

轮回的天干地支

十天干和十二地支都体现了事物由盛至衰的轮回。我们可以把它们想象成两个转盘，转盘从第一个字转动到最后一个字，就代表了一个生命从诞生到消亡的全过程。

干 天行之气，可解释为树的树干。

支 四季运转，可解释为树的树枝。

从古到今，这两个转盘不停地转呀转，我们人类和自然界中的各种生灵一代又一代地更替着，生生不息。

干支和小伙伴们

天干和地支有几个特别要好的“小伙伴”——阴阳、五行和五方，它们都是中国传统文化的重要组成部分。

阴阳

我们的祖先认为，阴阳是两种既互相对立又互相联系的神秘力量。万物的产生和变化都是源于阴阳之间的相互作用。

五行

在阴阳的相互作用下，万事万物的五种不同属性——木、火、土、金、水的运行和变化构成了五行，它们之间存在着相生相克的关系。

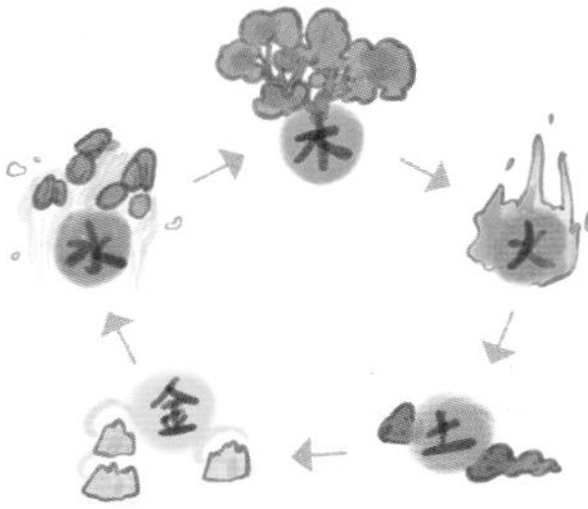

五方

指东、南、中、西、北五个方位，对应五行。

五行和方位的顺口溜：
东方甲乙寅卯木，
南方丙丁巳午火，
西方庚辛申酉金，
北方壬癸亥子水，
中央戊己辰戌丑未土。

干支和阴阳、五行、五方的关系

古人认为，十天干在单数位次上的属性为阳，在双数位次上的属性为阴，一阳一阴相互交替，而每两个相邻的天干在五行属性上是相生的关系。再匹配上地支和五方后，就形成了右边的图表。

火		土		金		水	
阳火	阴火	阳土	阴土	阳金	阴金	阳水	阴水
丙	丁	戊	己	庚	辛	壬	癸
午	巳	辰	丑	申	酉	子	亥
		戌	未				

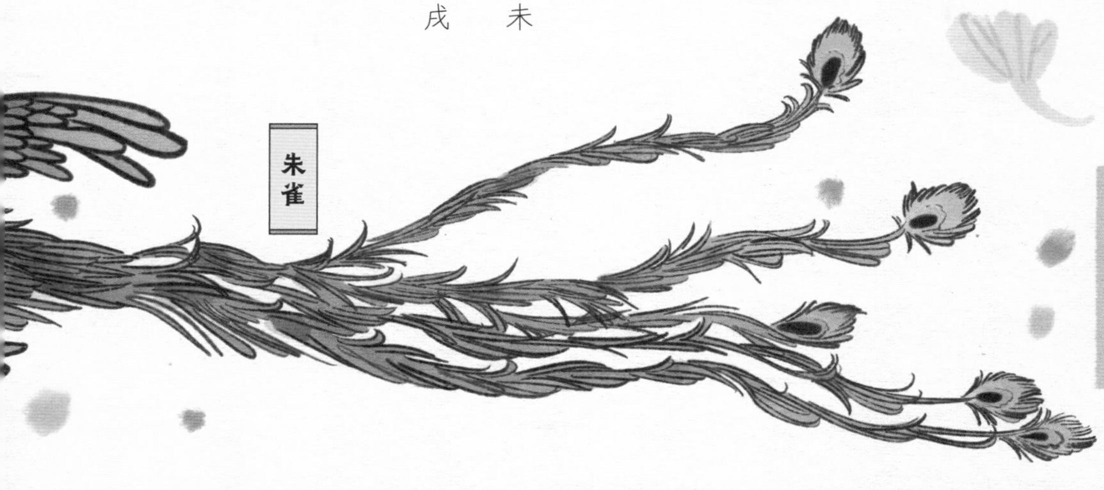

古人的想象中，在东、南、西、北四个方向上各有一个神兽镇守，分别是东青龙、西白虎、南朱雀、北玄武，合称“四象”，并与五行方位东木、西金、北水和南火相呼应。

干支纪年

天干和地支数千年来一直活跃在人们的生活中，最重要和最常见的用途就是干支纪元法。把天干和地支两两组合配成60对，通过循环使用来记录年、月、日、时的次序。比如壬寅年的“壬寅”就是干支纪年。

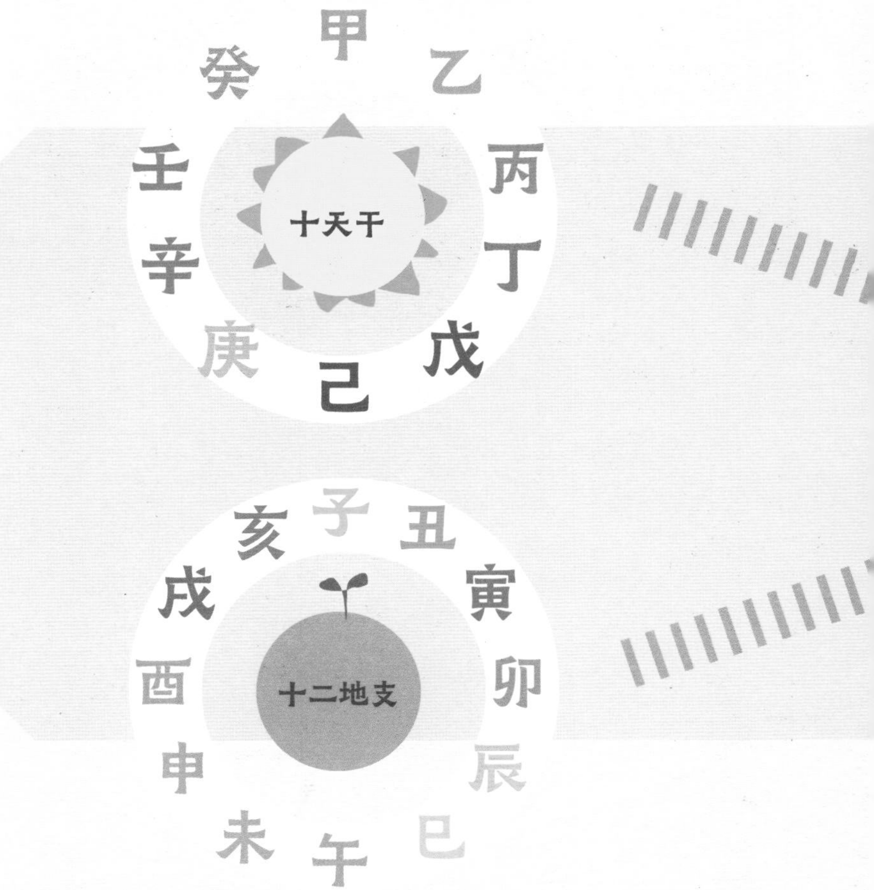

● 干支纪年的“工作原理”

把天干和地支按照固定顺序不重复地搭配起来，天干在前，地支在后，每一年叫作一个干支年。

第一年是“甲子”，第二年是“乙丑”，第三年是“丙寅”，像这样周而复始，以60年为一个周期循环记录。

● 古老的干支历

干支历就是使用干支纪元法的历法，由干支纪年、干支纪月、干支纪日、干支纪时四部分组成，在北宋时完全成型。

● 生肖也和干支纪年有关

生肖又叫属相，是地支的代表动物，它们与地支相配形成了十二生肖年。比如，所有含有“子”的干支年都是鼠年，这一年里出生的人都属鼠。

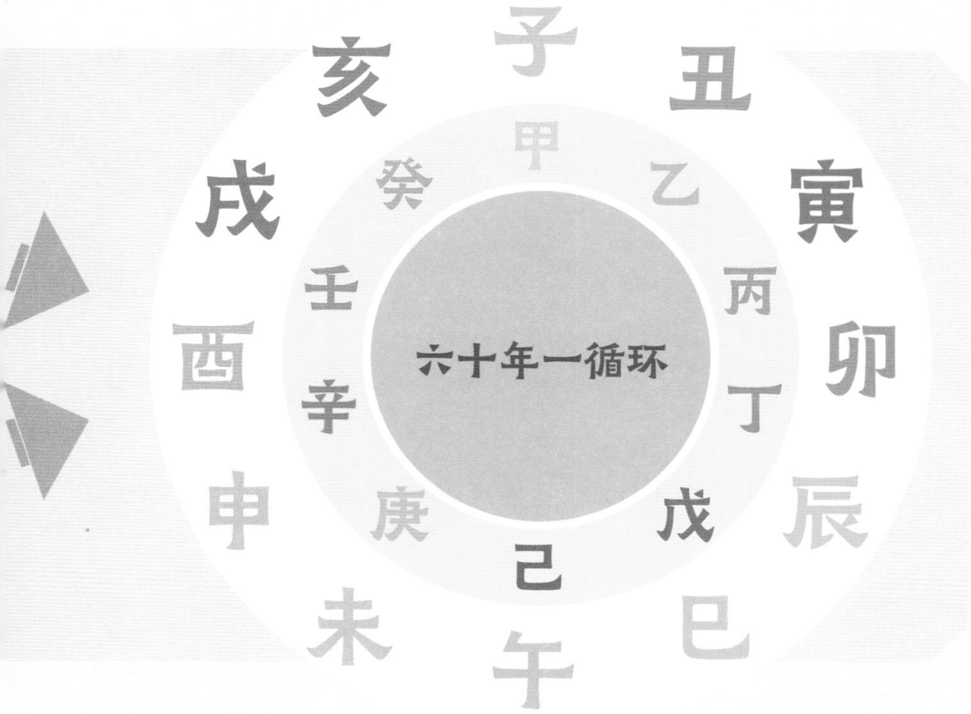

千叟宴的老寿星多大了？

清朝的乾隆皇帝曾邀请全国九十岁以上的老翁到乾清宫参加“千叟宴”。宴会上，乾隆皇帝和纪晓岚为年纪最大的老翁作了一副对联：

花甲重开，外加三七岁月
古稀双庆，内多一个春秋

这幅对联很有意思，上联中的“花甲重开”指的是两个甲子年，共 120 岁，再加“三七岁月”，正是 3 个 7 年，$120 + 3\times7$ 正好得出 141 岁！

下联的“古稀双庆”指两个 70 年，再加“一个春秋”，可不正好也是 141 岁吗！太妙了！

想要知道一个人的属相，就要看他的农历生日在哪一个生肖年。现在国家标准规定，干支纪年和生肖纪年起于农历正月初一零点，和干支历有区别。

用来纪年的六十甲子表

人们把天干和地支的 60 年循环周期叫作“六十甲子”，如果把所有组合依次排开，就可以得到六十甲子表。试着想想 1984 年（甲子年）出生、属鼠的人，一生可能会经历哪些干支年。

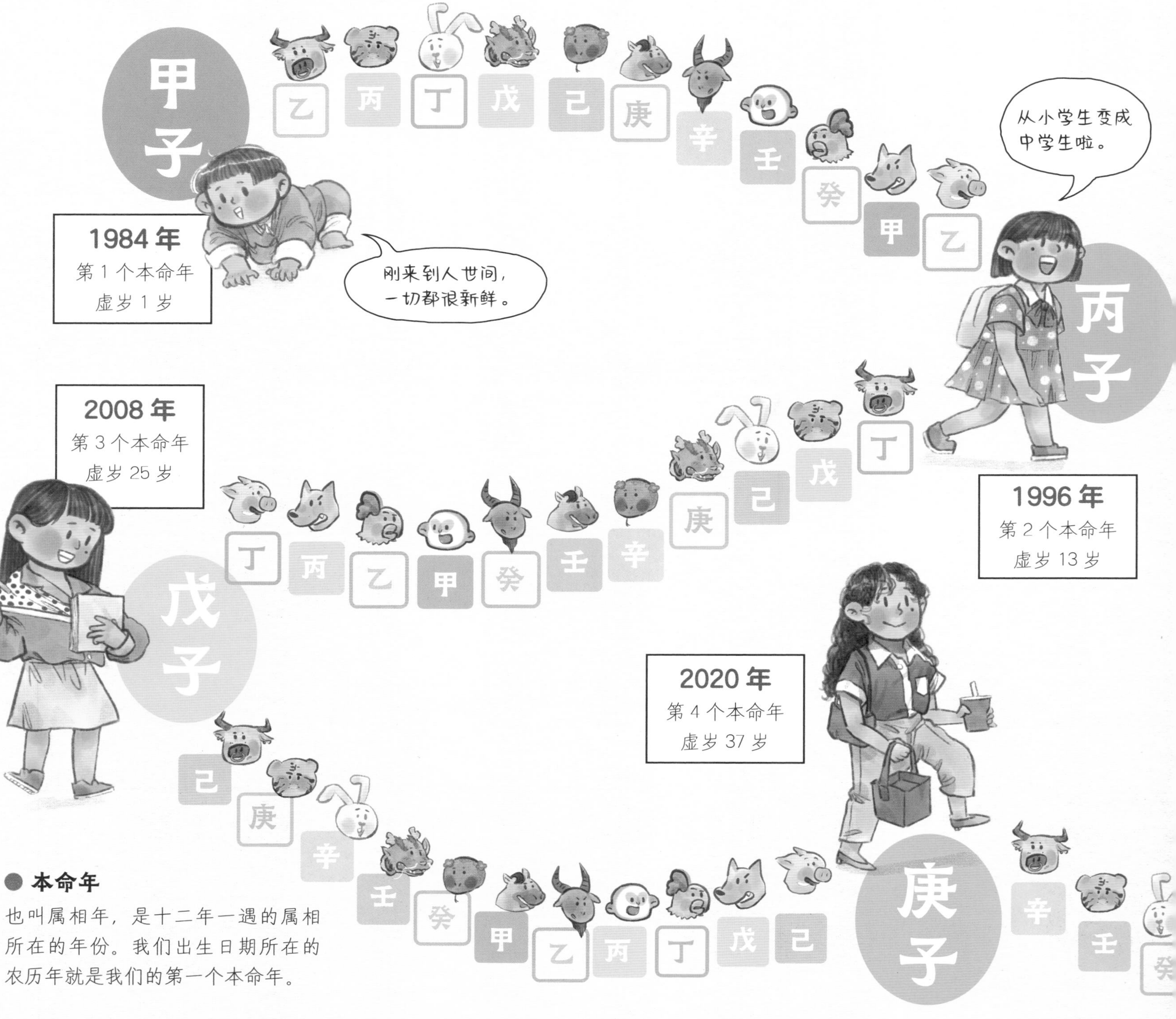

● **本命年**

也叫属相年，是十二年一遇的属相所在的年份。我们出生日期所在的农历年就是我们的第一个本命年。

● 虚岁和周岁

虚岁是出生就算一岁，每到春节长一岁；周岁是出生算零岁，每到生日长一岁。所以，周岁和虚岁常常有偏差。

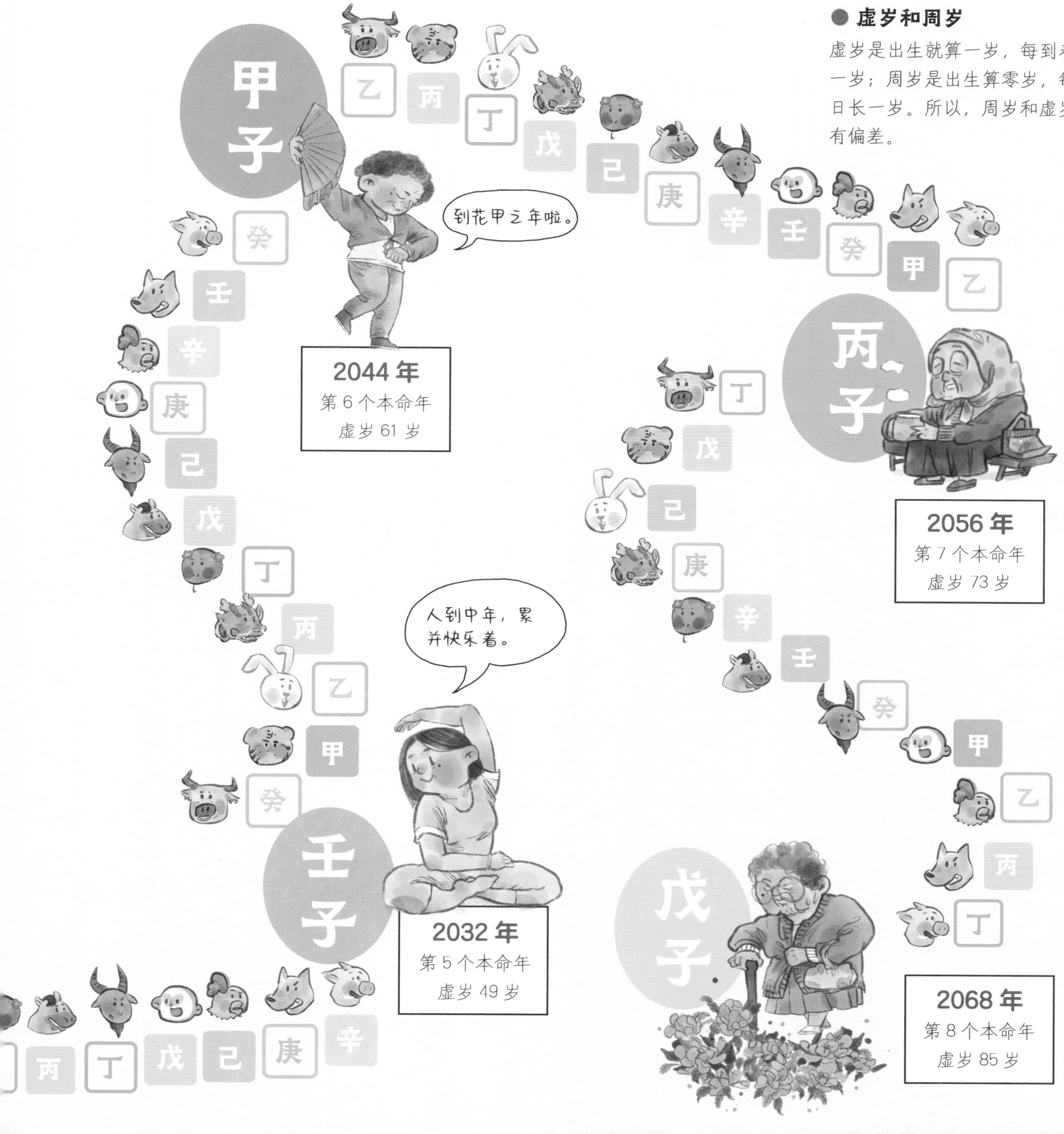

大家知道自己出生那年的干支是什么吗？可以试试这两种推算方法。

● 干支年的求法一：六十甲子表推算

当我们已知某年的干支年，想知晓与之相隔不远的某年的干支年，最方便的方法是根据六十甲子表来推算。

1	2	3	4	5	6	7	8	9	10
甲子	乙丑	丙寅	丁卯	戊辰	己巳	庚午	辛未	壬申	癸酉
11	12	13	14	15	16	17	18	19	20
甲戌	乙亥	丙子	丁丑	戊寅	己卯	庚辰	辛巳	壬午	癸未
21	22	23	24	25	26	27	28	29	30
甲申	乙酉	丙戌	丁亥	戊子	己丑	庚寅	辛卯	壬辰	癸巳
31	32	33	34	35	36	37	38	39	40
甲午	乙未	丙申	丁酉	戊戌	己亥	庚子	辛丑	壬寅	癸卯
41	42	43	44	45	46	47	48	49	50
甲辰	乙巳	丙午	丁未	戊申	己酉	庚戌	辛亥	壬子	癸丑
51	52	53	54	55	56	57	58	59	60
甲寅	乙卯	丙辰	丁巳	戊午	己未	庚申	辛酉	壬戌	癸亥

已知 2022 年是壬寅年，求 2008 年的干支年？

我们在六十甲子表里找到“壬寅”的数字序号 39。

减去 14（2022 年与 2008 年相差 14 年）得到数字序号 25。

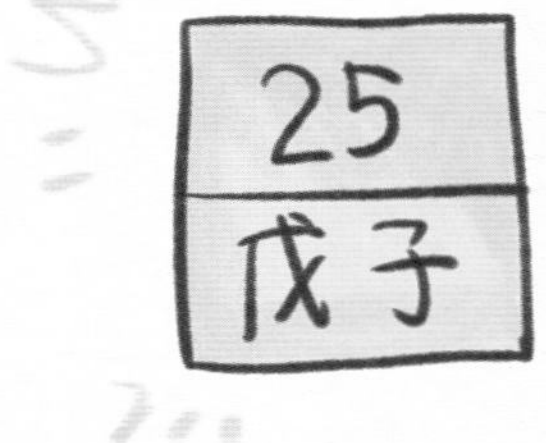

可得 2008 年的干支年是“戊子”。

● 干支年的求法二：公式计算

公元元年（西汉平帝元始元年）是辛酉年，以它为基础，我们可以算出某公元年的干支。

天干	甲 4	乙 5	丙 6	丁 7	戊 8	己 9	庚 10	辛 1	壬 2	癸 3		
地支	子 4	丑 5	寅 6	卯 7	辰 8	巳 9	午 10	未 11	申 12	酉 1	戌 2	亥 3

天干	甲 7	乙 6	丙 5	丁 4	戊 3	己 2	庚 1	辛 10	壬 9	癸 8		
地支	子 9	丑 8	寅 7	卯 6	辰 5	巳 4	午 3	未 2	申 1	酉 12	戌 11	亥 10

比如，求 2008 年的干支年。

2008 尾数是 8，对应的天干是“戊”。

2008÷12，余数是 4，对应的地支是“子”。

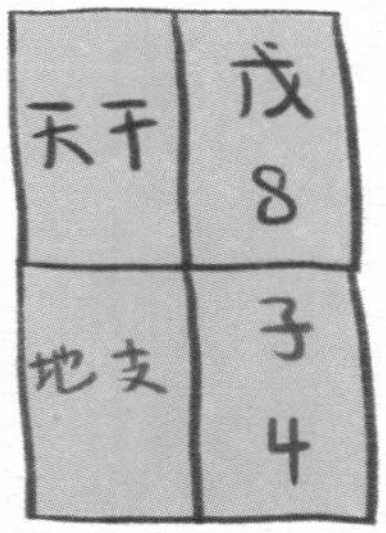

可得 2008 年的干支年是“戊子”。

总结计算公式： 先按公元年的尾数在天干表里查出对应该尾数的天干；再将公元年除以 12，用余数在地支表里查出对应该余数的地支。

干支纪月

一年有十二个月，我们现在称呼每个月很简单，就叫1月、2月……古人是怎么称呼月份的呢？原来他们还是用干支来表示，比如甲子月。第一个字是月干，会随年份变化而不同。第二个字是月支，汉朝开始固定每年的正月就是寅，然后依次类推。

● 月干随年变，口诀帮推算

甲己之年丙作首，
乙庚之岁戊为头，
丙辛必定寻庚起，
丁壬壬位顺行流，
更有戊癸何方觅，
甲寅之上好追求。

逢年干是甲或己的年份，
正月的月干是丙。
逢年干是乙或庚的年份，
正月的月干是戊。
逢年干是丙或辛的年份，
正月的月干是庚。
逢年干是丁或壬的年份，
正月的月干是壬。
逢年干是戊或癸的年份，
正月的月干是甲。

我们的先人很聪明，总结出了推算月干的六句口诀。
这里的“正月”不是农历的正月，是指一年中的第一个节气月。

● 月干支图表，一查便明了

如果记不住口诀，在知道年干的前提下，我们还可以通过这张图表，快速查出某年的月干支。

年天干	月干支											
	正月	二月	三月	四月	五月	六月	七月	八月	九月	十月	十一月	十二月
甲、己	丙寅	丁卯	戊辰	己巳	庚午	辛未	壬申	癸酉	甲戌	乙亥	丙子	丁丑
乙、庚	戊寅	己卯	庚辰	辛巳	壬午	癸未	甲申	乙酉	丙戌	丁亥	戊子	己丑
丙、辛	庚寅	辛卯	壬辰	癸巳	甲午	乙未	丙申	丁酉	戊戌	己亥	庚子	辛丑
丁、壬	壬寅	癸卯	甲辰	乙巳	丙午	丁未	戊申	己酉	庚戌	辛亥	壬子	癸丑
戊、癸	甲寅	乙卯	丙辰	丁巳	戊午	己未	庚申	辛酉	壬戌	癸亥	甲子	乙丑

月支固定排，跟着节气来

二十四节气是表示自然节律变化的特定节令，干支历里每个月的第一天都是交节日，即到达某节气的这一天。

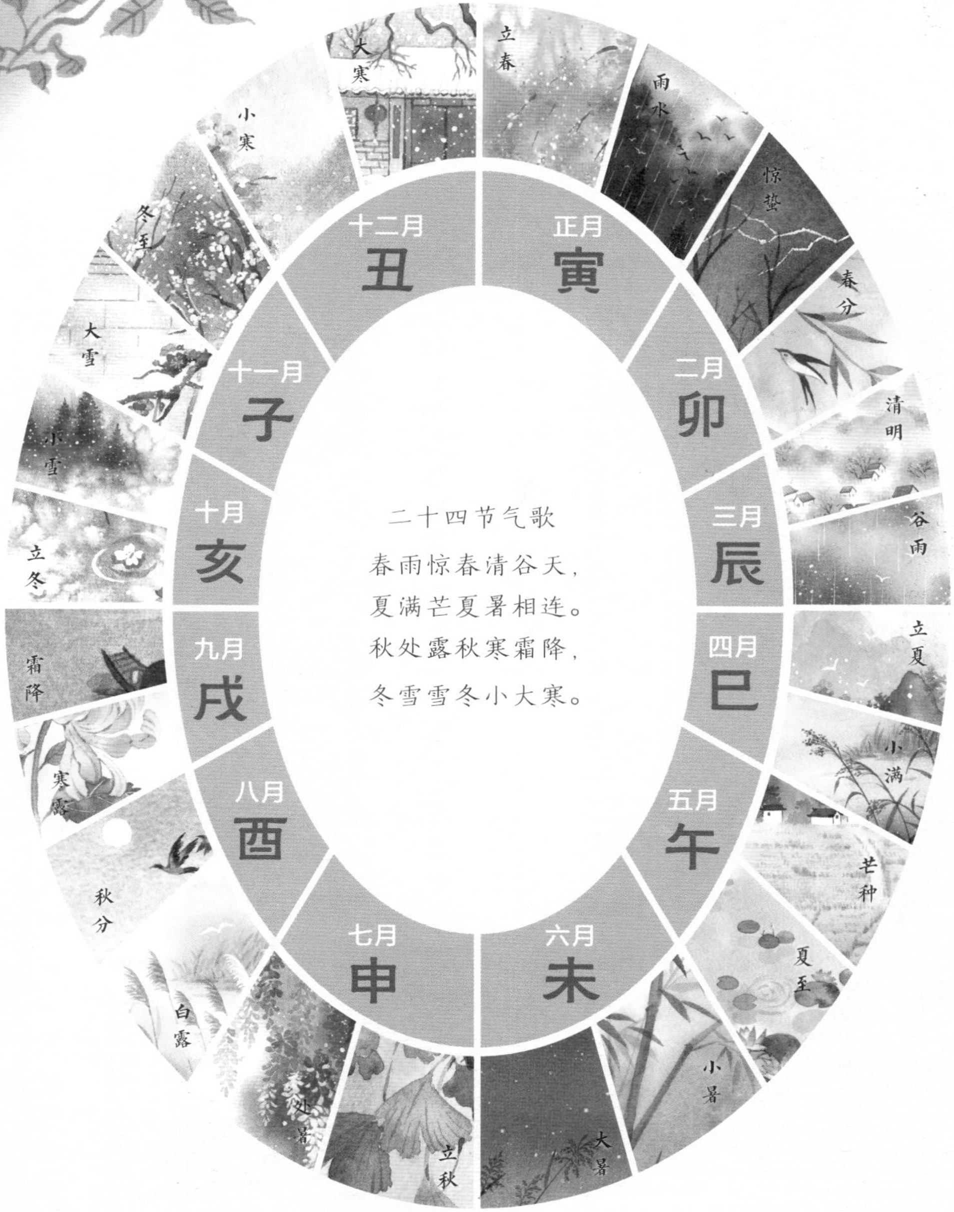

干支纪日

干支历也用六十甲子记录日序。每对干支代表一日，从甲子开始到癸亥结束，以60天为一个周期，不断循环。因为现在我们使用的公历是完全不一样的体系，所以公历日期的日干支很难推算，好在我们有个好帮手——万年历。

万年历

万年历是便利的时间查询工具。不仅能同时显示公历、农历和干支历等多套历法，还能提供节气、节假日提醒等多种信息。

干支纪时

干支历把一天的24小时划分成12个时段，每2小时分作一个时辰，用地支来表示。所以时的地支是固定的，时也有对应的天干，可以通过日的天干推算出来。

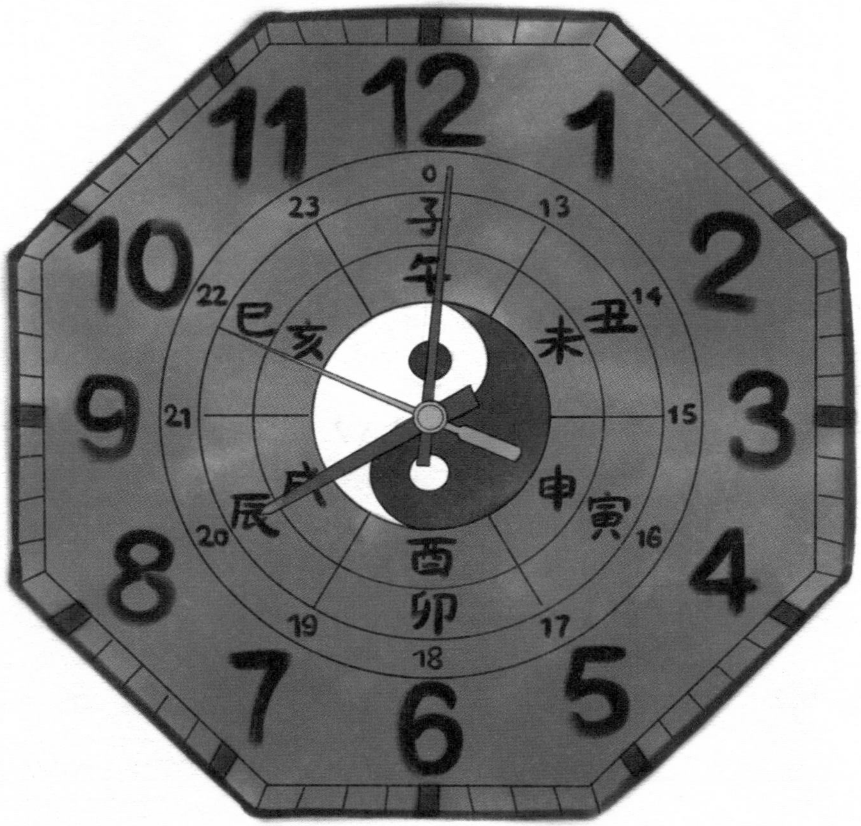

● **时辰和24小时制是对应的吗？**

当然啦。通过左边这个有点奇怪的钟表，我们可以快速查到地支代表的时辰，以及它对应的时段。

时辰	24小时制
子时	23:00—次日1:00
丑时	1:00—3:00
寅时	3:00—5:00
卯时	5:00—7:00
辰时	7:00—9:00
巳时	9:00—11:00
午时	11:00—13:00
未时	13:00—15:00
申时	15:00—17:00
酉时	17:00—19:00
戌时	19:00—21:00
亥时	21:00—23:00

清朝皇帝的一天

5:00—7:00	起床、请安、早读
7:00—9:30	早膳
9:30—11:00	上朝理政、办理公务
11:00—14:30	午休、晚膳
14:30—17:00	看书学习、娱乐
17:00—21:00	晚点、做佛事、就寝

皇上，亥时已到，该歇息了。
朕知道了，明天卯时就得起床呢！

表示时辰的地支，有它自己的故事

古人为什么用地支来表示时辰呢？这要从每个时辰对应的地支文字的象征含义说起。

子

子：像孩子在襁褓里。

子时：夜深人静，是今明两天交界的时刻，也是孕育着什么、孵化着什么的时刻。

丑

丑：像手指抓住一个东西在扭动，是“扭”的本字。

丑时：夜正深，但“第二天”已经开始了。就像一只无形的大手在转动天体——黑夜即将被转过去，白天即将被扭过来。

寅

寅：是“引”的古字。“引”字的含义有牵引、引导、引起、离开。

寅时：黑夜即将离开，清晨的阳光即将被牵引而来。

卯

卯：有说为冒，像开门的样子，也有说像物体断开的样子。

卯时：天亮了，太阳冒出来了，家家户户的门打开了；这时黑夜和白天不再混淆，而是断然分开的。

辰

辰：“晨”字没有了“日”字头，云气弥漫。
辰时：夏日的早晨，大雾茫茫。

巳

巳：蛇的象形。
巳时：雾气消散，暖融融的时刻，蛇从洞穴中爬出来了。

午

午：像木杵的形状，是“杵”的本字。
午时：把一根木杵立在阳光下，木杵没有影子，因为阳光是从它的顶部照射下来的。

未

未：像树木枝叶重叠的样子，是“味”的本字。
未时：树木经过阳光照射才能枝繁叶茂，结出果实，果实逐渐成熟才会有滋有味。

申

申：有说像闪电的形状，也有说是“神”。
申时：风雨伴随着电闪雷鸣来了；古人认为闪电和雷声是神在天上制造出来的。

酉

酉：像装酒的坛子，是“酒”的本字。
酉时：劳作了一天的人们该吃饭了。

戌

戌：指人手拿戈守护。
戌时：酒足饭饱，该休息了，但还要提防外敌或野兽的侵害，所以青壮年人手持武器进行护卫。

亥

亥：有说像猪，是“豕”字的变体，本义是猪。
亥时：夜里，主人被猪拱槽的声音吵醒，给它添食。

看，表示十二个时辰的地支文字，为我们生动地描绘了古代农家在夏季里的一天。其实，十天干和十二地支中每个文字的含义都十分丰富。

神通广大的十天干

除了作为文字记序符号来表示从第一到第十的顺序，十天干还被我们的先人赋予了多种含义，它们的“身影”出现在许多场合。

甲

顺序的第一，天干的第一位

在有机化学中，含有 1 ～ 10 个碳原子的化合物都用天干命名。其中，天然气的主要成分 CH_4 只有一个碳原子，所以命名为“甲烷”。

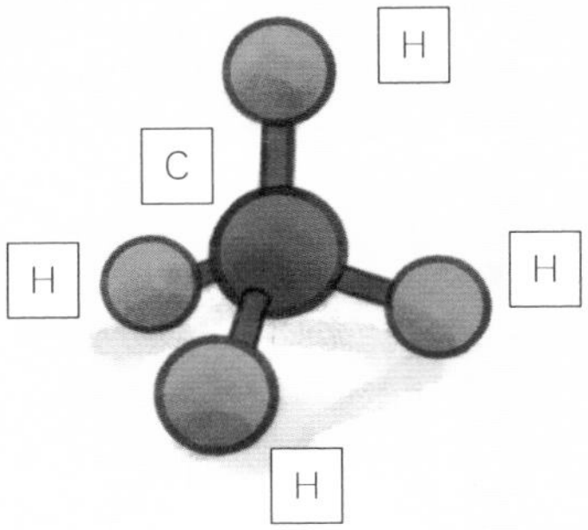

旧时户籍编制制度

若干户编作一甲，若干甲编作一保，甲设甲长，保设保长。

围在人体或物体外面起保护作用的装备

比如古代士兵所穿的铠甲，再比如现代的装甲车。

最优秀的、头等的

始建于明朝的甲秀楼，取“科甲挺秀，人才辈出”之意。

科举时代殿试前三名为一甲三名，其中第一名为状元，第二名为榜眼，第三名为探花。

动物身上有保护功用的硬壳

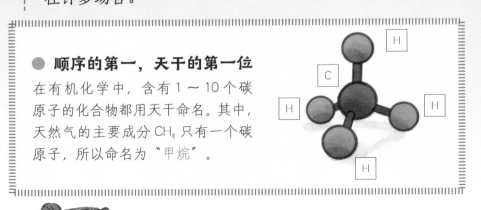

乙

用来消毒的酒精浓度在 75% 为好。
接种疫苗是预防乙肝最有效的方法。

顺序的第二，天干的第二位

因为组成结构中有两个碳原子，所以酒精也叫作“乙醇”。

常见的肝炎分为五种类型，用天干的前五位来命名。其中“乙肝”是一种较常见的传染性疾病。

商朝君主武丁为祭祀父亲小乙，制作了“商父乙尊”。

鱼鳃骨

《礼记 · 内则》中记载“狼去肠……鱼去乙”，这个乙就是指鱼的鳃骨，因为形状弯弯的，和“乙”字很相似。

商父乙尊

植物屈曲生长的样子

因为“乙”字的形状很像一棵弯曲的幼苗，所以古人用“乙乙”来形容艰难生长的样子。

居第二位的、次一等的

传说汉武帝造了装饰有琉璃珠、夜光珠等珍宝的“甲帐”用来供奉神明，自己居住在次一等的“乙帐”里。

甲帐
乙帐

化学品的命名

比如丙烯就是一种易燃且不溶于水的气体。可以合成丙烯颜料，成为人们绘画的好帮手。

顺序的第三，天干的第三位

明朝的紫禁城设有许多仓库，其中以天干命名的丙字库专门用来存放丝绵、布匹等物。

鱼尾

因为“丙”字的形状很像鱼的尾巴，所以《尔雅》中说“鱼尾谓之丙”。

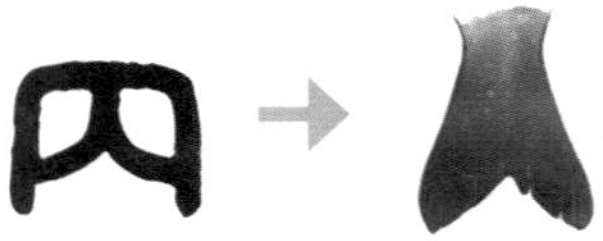

引申为“光明”

古人形容文章写得非常出色，会称赞一句“丙申秋月”，意为如秋月般清澈明朗，如星星般闪闪发光。

代指“南方”或“火”

《吕氏春秋·孟夏纪》中把用火烧掉的动作称作“其日丙丁”。近义词有付之丙丁、付之一炬。

丁

● **顺序的第四，天干的第四位**

三国至西晋时，藏书家荀勖（xù）把国家藏书分为甲、乙、丙、丁四部，唐以后改为经、史、子、集，丁部就是集部。

● **成年男子**

旧时官府强征青壮年男子当兵服劳役被称作“抓壮丁”。

● **形容声音**

伐木、下棋、弹琴的声音可以用拟声词“丁丁”来形容。

● **从事某种劳动的人**

成语“庖丁解牛”说的是一位有三年宰牛经验的厨师因为已完全了解牛的身体构造，所以技艺高超。后用来比喻掌握事物的客观规律后做事得心应手。

● **形容孤独无靠的样子**

过零丁洋

［宋］文天祥

辛苦遭逢起一经，干戈寥落四周星。
山河破碎风飘絮，身世浮沉雨打萍。
惶恐滩头说惶恐，零丁洋里叹零丁。
人生自古谁无死？留取丹心照汗青。

● **细长的形状**

底有钉齿的防滑木鞋叫作“丁屐”。
丁香花的名字和花朵形状类似“丁”字有关。

戊

兵器

甲骨文中的“戊”字，是指越国人所制造的兵器，形状像板斧。

代指“中央方位”或“土”

“戊己”指天干纪日中的戊日与己日。因为戊和己位于十天干的中间，所以对应五方中的中央方位，五行属土。

顺序的第五，天干的第五位

商王武丁的第一任王后妇姘（jìng）死后，庙号为“戊”。她的儿子祖庚或祖甲为祭祀她，下令铸造了后母戊鼎。

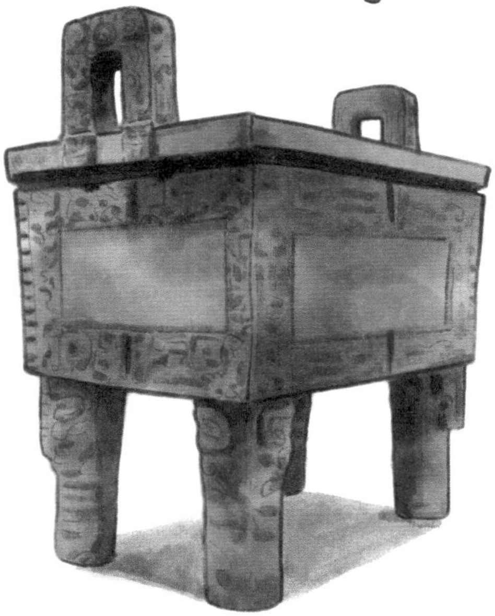

我是已知中国古代最重的青铜器，是国家一级文物，被禁止出境展览哟！

姓氏用字

商纣王的王后妲己，姓己，字妲。

你能分清“戊、戌、戍、戎、戒”吗？

文字	拼音	本义	引申义	组词
戊	wù	斧钺一类的兵器	天干第五位；代指土	青戊（指大地）
戌	xū	斧类宽刃兵器	地支第十一位	戌卫
戍	shù	守卫边疆	戍守的部队	戍边
戎	róng	兵器的总称	兵士和与兵器有关的事	戎装
戒	jiè	警戒、戒备	防备、革除不良嗜好等	戒心

己

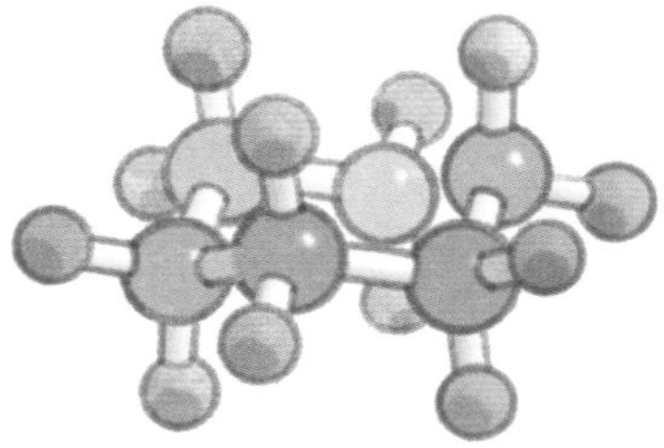

● 顺序的第六，天干第六位

环己烷是一种无色、有刺激性气味的液体，常用作橡胶等的溶剂。化学式是 C_6H_{12}。

● 自己、本人

《论语》中记载了孔子的名言“己所不欲，勿施于人”，意思是自己不愿意的，不要施加给别人；还记载了一个成语“克己复礼”，含义是克制自己，使自己的言论、行为都符合礼制。

● 记录、记载

《广雅》中有“己，纪也”的说法。据推测，甲骨文的“己”字像头部弯曲的丝绳，原始人曾用打绳结的方式来做记录。

有一种品德，叫作“严以律己，宽以待人”，意思是对自己要求十分严格，对待别人则很宽厚。

（贾琏）知道奶奶（王熙凤）有了体己，他还不大着胆子花吗？

《红楼梦》中的平儿

个人私存的钱财叫作“体己”。

“士为知己者死”源于春秋时期的故事：晋国的智伯被赵襄子所杀，智伯的家臣豫让为报答智伯的知遇之恩，多次行刺赵襄子但都没有成功，最后自刎而死。

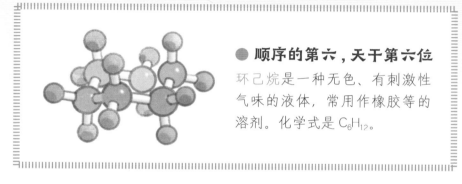

庚

代表年龄

询问别人年龄时，要用敬辞“贵庚”。
如果两人年龄相同，就是“同庚”。

我今年满四十了，您贵庚？
您客气了，你我同庚！

除了月亮属我最亮，你知道我吗？

代指“西方”或“金”

“长庚星”是金星的别名。因为“庚”和“辛”对应五方中的西方，五行属金。你知道吗？金星自转一周耗时约 243 个地球日，公转一周耗时约 224.7 个地球日，所以金星上的一天比它的一年还要长！

顺序的第七，天干的第七位

商朝第十九任君主盘庚把都城搬迁到殷（今河南省安阳市），复兴了衰落的商朝，所以后人也把商朝叫作殷商或殷朝。

后母戊鼎就是从这里出土的！
盘庚

道路

平坦大道被称作“夷庚”。

辛

顺序的第八，天干第八位

帝喾（kù）是“三皇五帝”之一，姓姬，生于高辛（今河南省商丘市睢阳区高辛镇），所以称“高辛氏”。传说他极爱音乐，在朝堂上奏乐时凤凰等仙鸟都来起舞。

但愿人长久，
千里共婵娟。
苏轼
众里寻他千百度。蓦然回首，那人却在，灯火阑珊处。
辛弃疾

姓氏用字

辛弃疾是南宋官员、将领及文学家。

“苏辛”是苏轼与辛弃疾的并称，二人同为豪放词派的代表。

今日有不少辛辣的食物呀！

“辛”，也指葱、蒜等有刺激性味道的蔬菜

“辛辣”是一种刺激性的味道，其中辛就是辣。

“含辛茹苦”中的辛也是指辣，茹是吃的意思。这个成语形容人经受过艰辛困苦，也比喻忍受千辛万苦。

古代给奴隶或罪人脸上刺字的刑刀，指罪恶

远古时期奴隶或罪人不能戴帽子，只能在头顶插一根树枝或草棍，叫作“插辛”。

顺序的第九，天干第九位

苏轼名作《赤壁赋》中有一句“壬戌之秋，七月既望”，说的就是壬戌年的秋天。

奸佞

巧言谄媚的人叫作“壬人”。

盛大

“有壬有林”本意是又大又多，形容场面盛大隆重。

哇，这场面，有壬有林！
今日席上没有壬人，大家可以畅所欲言。

妊娠，怀孕

《说文解字》认为“壬”是人怀有身孕的象形。而现代人推测，甲骨文的“壬”字是一竖连接两横，意思是“一化为二”——妇女怀孕，一个变俩。

泡温泉的时间别太长，泡久了会导致心跳加快、身体水分快速流失等。
可惜我怀孕了，不能泡！

代指“北方”或“水”

壬公是传说中掌管温泉的水神，也叫壬夫。

癸

● **顺序的第十，天干第十位**

《唐音癸签》是明朝胡震亨撰写的诗话集，主要内容是研究“唐诗学”。

夏朝的末代君主夏桀，别名履癸，是有名的暴君，据说他喜欢把人当坐骑。

● **军中隐语**

春秋时期吴国大夫申叔仪，向鲁国大夫公孙有山氏求借军粮，公孙有山氏对他说：“如果你的士兵登上首山，喊出‘庚癸乎’的暗号，我这边就会回应，将军粮送出。”

［答案］

①天干第一位，一说六甲指六甲神（希望孩子强健）

②用来起名（日名制）

③姓氏用字　④指“丁”字本身　⑤用来纪日

十天干有如此神通，十二地支应该也很厉害吧？在进一步认识地支之前，先来小小复习一下：本页中编号①～④的天干代表什么？完全由天干组成的成语⑤又是什么意思？答案在本页找。

身怀六甲①

怀有身孕。

曾侯乙②编钟

目前世界上已发现的最雄伟、最庞大的乐器。曾侯乙是周王族诸侯国中曾国的国君。

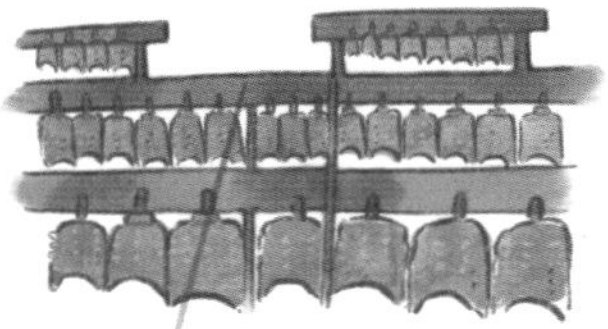

丙③吉问牛

丙吉是西汉名臣，他路过时看到耕牛的异常，便敏锐地联想到天气的异常变化会对农业造成影响。

目不识丁④

眼睛不认识丁字，形容一个字也不认识。

辛壬癸甲⑤

传说大禹辛日娶妻，到三天后的甲日又去治水了。指一心为公，置个人利益于不顾的精神。

“多才多艺”的十二地支

除了与天干配合记录年、月、日、时的次序，地支也被古人用来表示和描述很多事物，比如代表生肖和方位。所以，十二地支也个个都是“多面手”。

子

“士”和“大夫”的通称，泛指成年男性

古代将读书人称作“士子”。

诸侯爵位

周王朝将诸侯爵位从高到低划分为公、侯、伯、子、男。其中子爵是第四等。

子女，也指婴儿

古人认为帝王是上天的儿子，所以尊称他们为“天子”。儿子和孙子合称“子孙”，泛指后代。

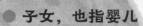

● 植物的果实、种子

桃树的果实叫作桃子，橘树的果实叫作橘子。

向日葵的种子叫作葵花子。

● 对自己老师或有学问的人的尊称

老子、墨子等人是春秋战国时期著名的思想家。

“诸子百家”是先秦时期各学术派别的总称。各派互相争论、一比高低的局面被称作百家争鸣。

● “诸子百家”到底有多少家？

据说有上千家，有出处的有189家。但流传较广、影响较大的其实只有几十家，其中儒家、道家、墨家、法家、兵家等十二家真正形成了学派。

● “经史子集”里各有什么书？

名称	内容
经	儒家经典著作
史	史书（正史）
子	先秦百家著作
集	文集，即诗词汇编

● 古籍分类

古人将古籍按内容区分为“经、史、子、集”四大部类。其中子代表着先秦百家的著作。

● 动物的卵或幼崽

小而嫩的鸡叫作“子鸡”。

● 小而硬的颗粒状的东西

围棋的棋子共有361颗，其中黑棋181颗，白棋180颗。

丑

● **戏曲角色**

传统戏曲有“生旦净丑”四个行当，其中的“丑角”一般扮演插科打诨、比较滑稽的角色。

● **谦称**

登台表演技能时，谦虚地表示自己水平不高，会说“不好意思，献丑了”。

● **相貌难看**

外表不好看的丑小鸭是安徒生童话里的经典形象，一般也用来比喻不被关注的小孩或年轻人。

今天要给大家献丑啦，相信自己，丑小鸭一定会变成白天鹅！

寅

● **敬称**

古代将在同一个官署共事的官吏称作“同寅、寅僚”。

同僚之间会用“寅兄”作为敬称。

● **指十二生肖中的“虎”**

“寅兽、寅客”是虎的别名。

您最喜欢画我吧？
还好，山水、花鸟和仕女我都喜欢画！
唐伯虎

古人会用地支取名字，而地支代表生肖，所以我们通常可以根据名字推测出他们的属相。比如明朝著名画家、书法家、诗人唐寅，字“伯虎”。

原来唐伯虎是属虎的！

卯

● **旧时官署查岗的代称**

官衙查点到班人数一般在卯时进行，所以这个行为叫作“点卯”。后来这个词也用来形容一个人做事敷衍，应付差事。

开始点卯了，让我看看今天谁没来。
包大人办事从来可丁可卯，一点儿情面都不讲。

● **建筑的结构**

榫卯是一种凹凸结合的构件连接方式。凸出部分叫榫，凹进部分叫卯。多用在中国古建筑的修建上。

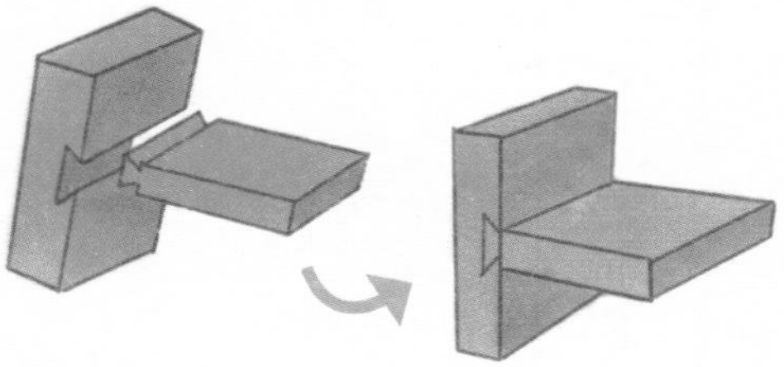

成语“可丁可卯”本意指的是像榫卯结构一样不多不少，程度正适合。后面泛指严格按规定办事，不通融。

辰

● **时间，日子**

美好的时节和景物叫作“良辰美景”。

从地球的北半球上看，北极星几乎不会移动位置，我们可以靠它来辨别方向。

● **日月星的统称，也泛指众星**

北极星也叫作“北辰”。沿北斗七星的“勺口”方向就能找到它。

巳

用来纪日

每年农历的三月初三是中国传统节日“上巳节”。古人在这一天要沐浴祭祀，到郊外游玩，在水边饮宴。

上巳节的习俗之一临水浮卵，就是把煮熟的鸡蛋放进河里，任其漂移，谁拾到谁就把鸡蛋吃掉。

你能分清“己、已、巳”吗？

试试用口诀来区分这“三兄弟”吧。比如“己半巳满不出己”，还有“堵巳不堵己，半堵是个已”等。

文字	己	已	巳
拼音	jǐ	yǐ	sì
本义	田埂（推测）	停止	胎儿
引申义	自己等；天干第6位	完结等	后嗣等；地支第6位

上巳节习俗之二踏青赏春就是全家出动或三五好友结伴，带着酒菜到郊外山水间游玩野餐。大人们观景赏花，互赠有香气的兰草。孩子们放风筝，荡秋千，尽情游玩。

午

● 用来纪月、纪日

“端午节”是集祭祖、祈福辟邪、欢庆娱乐和饮食为一体的民俗大节，原为干支历的午月午日，端有“初”的意思，午月的第一个午日就叫端午。后来为了方便过节，端午节固定在农历五月初五。

端午节的传统竞技活动赛龙舟最早可追溯到战国时期。它的由来有纪念曹娥、纪念伍子胥、纪念屈原等多种说法。

古人认为端午节正午时阳气最盛，能让鸡蛋直立起来，给人带来好运，所以有了立蛋的习俗。

● 端午立蛋有科学依据吗？

有。端午节正午太阳直射北半球，太阳引力和地球引力形成两股方向相反的力量，像一双无形的手拉扯着鸡蛋，使它比平时更容易立起来。

● 用来纪时，泛指白天或夜晚的中间时段

正午是中午十二点前后。

午夜指半夜，在夜里十二点前后。

● 代指“正南方向、南方”

北京故宫的正门叫作“午门”，位于故宫南北中轴线上且面向正南。

传说屈原投江后，人们怕鱼虾损毁他的遗体，就用箬叶包着糯米饭抛进江里，后来渐渐形成了在端午节吃粽子的习俗。

为了清洁环境、驱虫祈福，古人在端午节这天会做三件事。第一是取出雄黄酒，或自己饮用，或给孩子在额头、耳、鼻、手心等处涂抹。第二是将装有雄黄、艾叶等香料的香囊佩戴在身上。第三是在屋檐下挂上艾叶和菖蒲。

春杵后来变成了乐器，因为它有节奏地敲击地面的声音很好听。

农具

在甲骨文中能看到午字的形状很像舂米的木杵，所以舂杵就是午字的本意。

未

● **表示否定，相当于"不"**

汉语词语"未必"，意思是不一定、不见得，但在部分方言中也有难道的意思。

● **将来**

从现在往后的时间称为"未来"。

● **"未、末"要分清**

这两个字长得像是因为它们的本义都和树木有关。分清它们也有口诀："未来下面长，末尾下面短"。

文字	未	末
拼音	wèi	mò
本义	树木枝叶繁茂	树梢
引申义	表示否定、将来等	事物顶端、终了、次要的等

● **表示否定，相当于"没有"**

成语"乳臭未干"本意是身上的奶腥气还没有完全退掉，后引申为形容人年幼或幼稚无知，多含贬义。

西汉名将霍去病，十八岁时就立下战功，被封为冠军侯，让那些嘲笑他乳臭未干的人无话可说。

成语"未雨绸缪"本意是趁还没下雨提前修缮房屋门窗，后用来比喻事先做好准备。

申

● **下级向上级报告**

向上级或有关部门说明理由，并提出请求的行为叫作"申请"。

● **延长伸展，推广**

由原义产生新义叫作"引申"。

一个词有本义、引申义等义项。

多亏了包大人，
我总算是申冤
吐气了！

昭雪

成语“申冤吐气”意为洗雪冤屈，发泄怨恨。

上海的别称之一

上海又被叫作“申城”，因其历史上有一个重要人物——春申君黄歇，以及其境内的黄浦江简称“申江”。

陈述，说明

成语“三令五申”意为反复多次地命令告诫。出自《史记》里春秋时期军事家孙武按照《孙子兵法》训练吴王阖闾（hé lǘ）的一百八十名宫中女子的故事。

听我口令，
向右转！

我多次解释，交代清楚了
规则，你们还不听令，是
队长和士兵的过错。把两
名队长推出去斩首！

饶了她
俩吧？
将在军，君命
有所不受！

听我口令，
排列整齐！

酉

［答案］
① 指二酉山
② 没有
③ 时间
④ 地支前四位

本义是“酒器”，引申为“酒”

酉水是长江支流沅江的最大支流，位于湖南省、湖北省和重庆市交界处，是中国唯一一条以酒命名的河流。沿岸有二酉山（大酉山和小酉山的合称，位于湖南省怀化市沅陵县）。

戌

用来纪时

古人练武时，讲究“金辰银戌”。因为他们认为早上7—9点和晚上7—9点是练武的最佳时间。

本义是斧类宽刃兵器

早期甲骨文的“戌”字像一把宽口大斧。

特殊用法

“屈戌儿”是钉在门窗或箱柜上、带两个脚的小金属环，可用来挂锁或搭扣。据说这是因为“戌”字某一时期的写法很像是门鼻和钉锦的组合。

蓄水的池塘

池塘干枯称作“酉枯”。

用来纪时

“亥既珠”是神话传说里的夜明珠，“亥既”就是亥时已经过去。

指十二生肖中的“猪”

成语“鲁鱼亥豕”指把“鲁”字错成“鱼”字，把“亥”字错成“豕”字，比如书写错误。

又到了开动脑筋的时刻！本页中编号①~③的地支有什么含义？完全由地支组成的成语④在地支里排在什么位置呢？（答案在上一页找）

学富五车，书通二酉①

比喻学识丰富精湛。传说秦始皇焚书坑儒时，朝廷博士官伏胜把五车共千余卷书简藏在二酉山的山洞里，让诸子百家等文化典籍流传了下来。

出师未②捷身先死，长使英雄泪满襟

蜀汉丞相诸葛亮尽心尽力辅佐两代君主，前后五次北伐中原都没能成功，遗憾病逝。杜甫写诗赞颂了他“鞠躬尽瘁，死而后已”的精神。

我生不辰③，逢天僤（dàn）怒

我生得不是时候，赶上了老天震怒！

出自《诗经》里的《桑柔》一诗。周厉王暴虐昏庸，残害人民。人们到处找不到可以安居的住所，悲愤又无奈。

子丑寅卯④

比喻一套道理或原因，多指事理。

得认真听讲，别等老师问的时候，我说不出个子丑寅卯来。

“各司其职”的十二生肖

我是中国古人创造的、最有象征意义和吉祥色彩的动物，生肖里可不能没有我！

十二生肖里为什么没有猫？

传说是因为玉皇大帝讨厌猫，没通知它报名……其实具推测是因为家猫在汉武帝时期才传入我国，而十二生肖在西周春秋时期就有了，猫自然没能入选。

十二生肖为什么是这几种动物?

传说上古时代玉皇大帝要选出十二种动物分别作为每年吉祥如意的象征，通知所有动物来太行山上的宫殿前报名，最先到达的前十二名入选。十二生肖的动物和排序就这样确定了下来。

十二生肖是中国特有的吗?

日本、韩国、朝鲜、印度、泰国、越南、柬埔寨、哈萨克斯坦、伊拉克、希腊、埃及和墨西哥等国家也有十二生肖，只是有些国家的生肖动物种类和排序与我们的不完全一样。

鼠

老鼠在很多人眼里通常是反面形象，但真实的老鼠不全是这样。

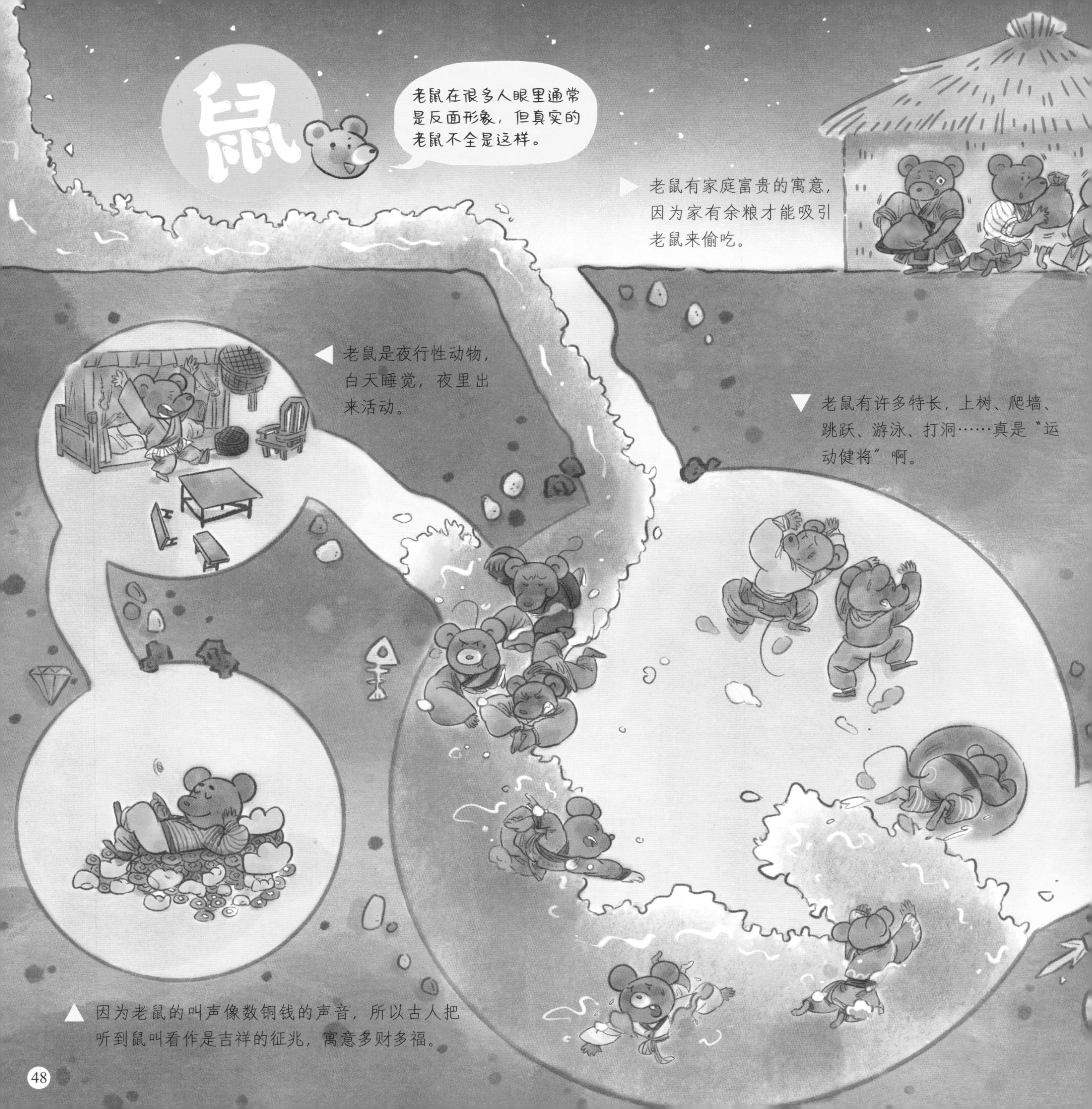

▶ 老鼠有家庭富贵的寓意，因为家有余粮才能吸引老鼠来偷吃。

◀ 老鼠是夜行性动物，白天睡觉，夜里出来活动。

▼ 老鼠有许多特长，上树、爬墙、跳跃、游泳、打洞……真是"运动健将"啊。

▲ 因为老鼠的叫声像数铜钱的声音，所以古人把听到鼠叫看作是吉祥的征兆，寓意多财多福。

因为我们都贪婪
又不劳而获！
为了对付老鼠，古人通常会饲养猫咪，并在粮仓等地安放捕鼠器或投放老鼠药。
古人会借老鼠来比喻人格卑鄙的人或奸臣。比如《诗经·硕鼠》中就有一句“硕鼠硕鼠，无食我黍！”隐喻着对贪得无厌的剥削者的愤恨。
鼠标就是因为外形像老鼠才得名的！
洪水要来啦，咱们赶紧搬家！
成语“胆小如鼠”形容一个人像老鼠一样胆小。
我每年能生10窝，每窝近20个宝宝！
老鼠住在低处或地下，能第一时间察觉地震、洪水等灾害的发生，它们出现异常逃窜行为时，也能提醒人们防灾。
老鼠强大的繁殖力让它们象征着“多子多孙”。

牛

牛是古人非常重要的生产生活伙伴，牛能做的事情可多啦！

▶ 古人在祭祀时会奉上牛、羊、猪作为祭品，称作“三牲”，其中，牛的等级最高。

▲ 我国自春秋战国时期就有了“铁犁牛耕”，对古人来说，牛是非常重要的劳动力。就连朝廷都会下发指令，要求不得随意杀牛。

▼ 牛车自商朝开始就是人们常用的交通工具，既能运货，又能载客。因为牛的速度较为缓慢，所以牛车比马车更加平稳。

▲ 因为丑牛对应着五行中的土，土克水，所以古人会把石牛或铜牛放在河岸旁边来镇压水患。

如果耕牛自然病死或老死，主人需要报告官府，等官吏核实后，才能将牛分食。

▼ 除了耕地，人们在牛的身上也找到了一些娱乐价值，比如汉朝时我国就流行起了斗牛活动。

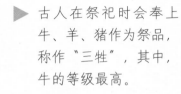

▶ 成语“对牛弹琴”比喻对不讲道理的人讲道理，对不懂得美的人讲风雅，也用来讥讽人讲话时不看对象。

▼ 古时各地官府会在立春这一天带领百姓举行鞭牛仪式，象征春耕开始，祈求丰收。现在不少地方还有这个仪式呢！

大家舍不得鞭打真的牛，所以我是用泥土做成的！

立春鞭牛仪式分四步进行：

1. 迎春：所有人一起祭拜泥塑的春牛。
2. 演春：人们抬着春牛举行迎春的民俗游艺活动。
3. 打春：当地最高行政长官带头鞭打春牛。
4. 抢春：人们争抢春牛的碎片，撒在自家田里祈求有个好收成。

虎

虎的形象在中国传统文化中几乎无所不在，现在人们更加注重保护这种“大猫”。

◀ 成语“如虎添翼”比喻本领很大的人又增加了新的本领或援助，能力更强。

▲ 之前因为人们想得到虎皮、虎骨等珍贵资源，世界各地的虎被疯狂盗猎，加上栖息地被不断破坏，现在全球野生的虎只剩不到5000只。

▶ 虎体态雄壮，是顶级食肉动物之一，几乎没有天敌。人们常用它比喻威武勇猛的武将。

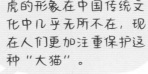

额头上的几条黑色条纹很像“王”字，“百兽之王”名不虚传。

体长2～3米，体重100～300千克，是大型猫科动物。

犬齿长达5~8厘米，像刀剑一样锋利。

爪子也很锋利，但平时会收起来，脚掌长有肉垫，走路时几乎没有声音。

拥有橘黄底色、黑色条纹的皮毛，捕猎时能很好地隐藏自己。

▼ 在我国南方一些地区，“虎”的发音近似于“福”。古人相信在家里放上虎的装饰能驱散灾祸。

▲ 自古人们喜欢给孩子穿戴装饰有虎形象的衣帽鞋子和饰品，玩虎形玩具，期盼孩子茁壮成长。

虎符是一种老虎形状的令牌，分为两半，左半交给将帅，右半由皇帝保存。只有两半合并，持符者才能调兵遣将。

兔

兔子体格弱小但聪明灵活，性格温和谨慎，与世无争。

▼ 因为兔象征着善良、美好与祥和，所以古代有长辈赠晚辈兔画的风俗。

▲ 成语“守株待兔”比喻希望不经过努力而得到成功的侥幸心理。“株”是露出地面的树根。

吉祥安宁！

我必须经常磨牙，不然牙齿会越长越长！

▲ 和鼠一样，兔的牙齿在它的一生里都在不断地生长。

▼ 兔子全身都是宝，兔肉可食用，兔脑、兔肝、兔粪还能药用。

◀ 兔皮可用来制作保暖的衣帽。

▼ 兔毛可用来制作上好的毛笔。

◀ 兔粪还可用作肥料。

▼ 明朝时，每到中秋节家家户户都要祭月，人们从街上“请”回一尊泥塑的“玉兔”，尊称它为“爷”，把它恭敬地供奉起来。后来兔儿爷演变成了孩子们的中秋节玩具。

走，去请兔儿爷喽！

◀传说月亮上有一只玉兔，它在月宫里负责捣药，后来与月宫中的仙女嫦娥为伴。

坐葫芦兔儿爷：寓意福禄双全。

坐象兔儿爷：寓意吉祥如意。

坐虎兔儿爷：寓意事业兴盛。

传说有一年北京城闹瘟疫，玉兔奉嫦娥之命救治百姓。它装扮成各种人物，骑着狮子、鹿等走家串户，帮助人们战胜了疫病。所以兔儿爷的形象通常是金盔金甲的武士坐在某种动物身上。

龙

龙是中国古代传说里的神异动物。
我们要提水倒入水龙中部的水箱，保证水源不断。

宋人罗愿在《尔雅翼·释龙》中描绘了龙的长相：“角似鹿、头似驼、眼似兔、项似蛇、腹似蜃、鳞似鱼、爪似鹰、掌似虎、耳似牛”。

传说中的龙能兴云布雨，消灾降福，上天入海，是祥瑞的象征。

在古人眼中，龙代表着权势、高贵、伟大、幸运和成功。所以明清时期，皇帝的朝服上就绣有龙形图案。

古代有一种用来灭火的机械装置，因为喷水的样子能让人联想到龙喷水，所以取名“水龙”。救火时，在水龙把柄上插上长杆，多人一起用力就能把水压送出去。

▶ 传说梁代画家张僧繇（yáo）画的龙特别逼真，一点上眼睛就变成真龙飞走了！后来成语“画龙点睛”用来比喻写文章在关键处加上精辟的语句，使内容更加生动传神。

▶ 出于对龙的崇拜，自古以来，每逢春节、元宵节、端午节等重大节日，民间都会举办热闹的舞龙活动，以祈求平安和丰收等。

完整的舞龙仪式分四步：

1. 用旌旗、锣鼓、号角作为前导，把龙身从龙王庙请出来。
2. 接上龙头龙尾，举行点睛仪式。
3. 在鞭炮声中正式开始舞龙。
4. 舞龙结束后把龙头龙尾烧掉，龙身送回龙王庙。

蛇

蛇在人们心目中亦正亦邪，还有点儿神秘。

▼ 蛇有着吉祥的寓意，相传在钱包里放置蛇蜕下的皮，以后能多多存钱。

▼ 因为颌骨用韧带连接，所以蛇的嘴巴可以张大到 130° 至 180° ，能吞下自己身体宽度 3~4 倍的猎物！因此，蛇的食谱很广泛，蚯蚓、蜘蛛、青蛙、鸟、蜥蜴等都能吃。

▼ 冷血动物的蛇会感觉冷吗？当然会，因为冷血动物更科学的说法是“变温动物”，所以蛇的体温也会随气温的升降而变化。

外界气温下降至10℃时蛇会冬眠。

天气闷热、湿度大时，蛇的活动更积极。

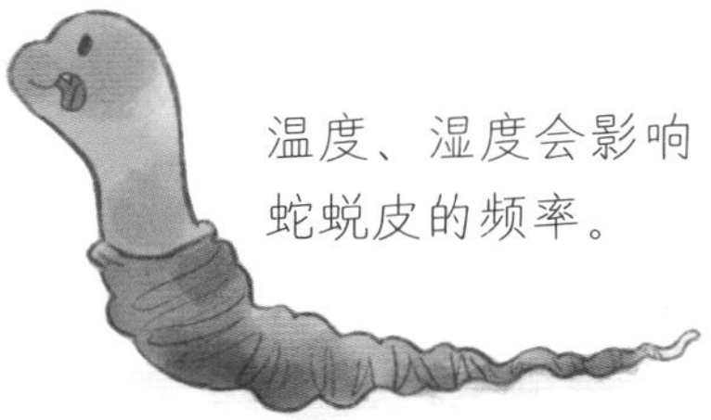

温度、湿度会影响蛇蜕皮的频率。

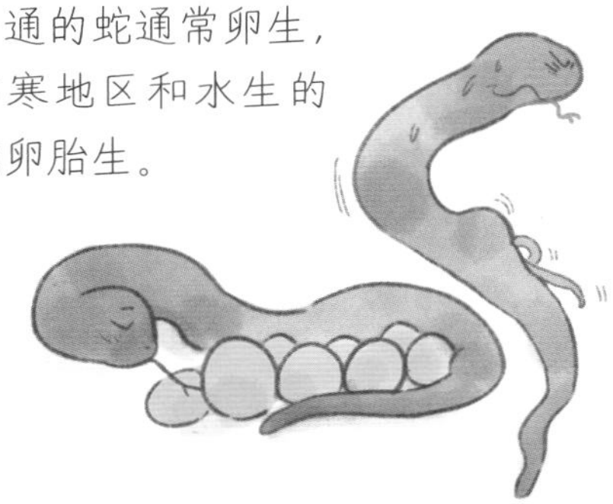

普通的蛇通常卵生，高寒地区和水生的蛇卵胎生。

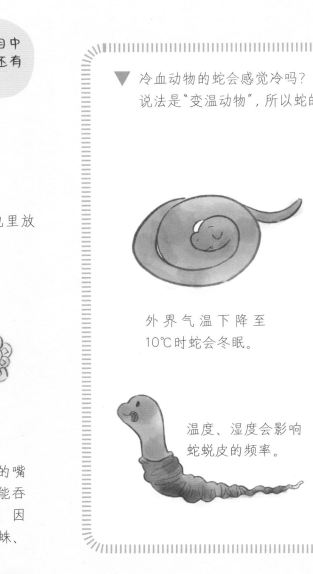

虽然我被叫作小龙，可我确实没有脚呀！

▶ 成语“画蛇添足”比喻做了多余的事，弄巧成拙。

传说女娲造人后的某一天，
世间天塌地陷。女娲炼五色
石把天补好，拯救了人类。

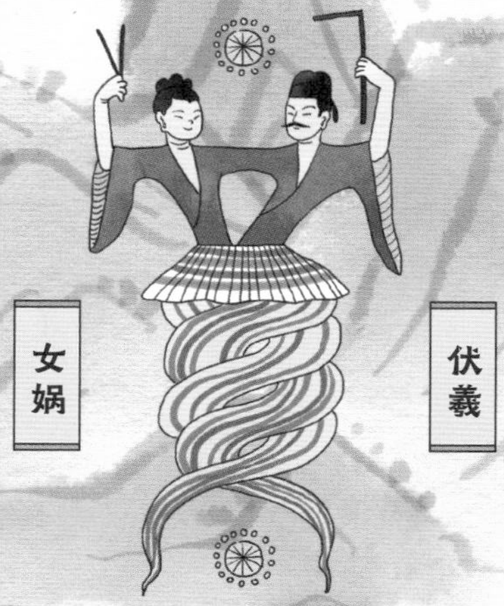
女娲
伏羲

▲ 中国上古神话里的人类始祖伏羲和女娲都是人首蛇身。

▲ 蛇还是龙的原型之一，传说黄帝每征服一个部落就把那个部落图腾的一部分加到蛇图腾上，才有了龙图腾。

在古代，马不仅可以
骑乘、运输和劳作，
还是将士们最得力、
最忠诚的战友。

马

▼ 春秋战国时期，战车是军队中的一个重要组成部分。以秦国为例，一架战车由四匹马拉动，上面配备三个人，中间的驾车，左边的持弓，右边的持戈。

▲ 成语“一言既出，驷马难追”形容话一脱口就像套着四匹马的车，已经不能追回。强调说话要算数，不能反悔。

◀ 马站着睡觉时是浅睡眠，能对环境变化做出快速反应。如果它们认为当下的环境非常安全，就会卧着、躺着或趴着睡觉。

▼ 古人喜爱和看重马，不但把马的形象雕刻在生活用品上，还常用马形物件作陪葬品。

铜奔马（马踏飞燕）

彩绘金刚杵八宝纹马头琴

马纹带座铜簋

鎏金舞马衔杯纹银壶

▼ 三国时期英雄辈出，俗话说“宝马配英雄”，勇敢忠诚的马儿为主人增添了许多光彩。

赤兔

赤兔曾先后成为吕布和关羽的坐骑，神骏无比，有“人中吕布，马中赤兔”的说法。传说关羽死后，它绝食殉主。

绝影

绝影为曹操的坐骑，传说跑起来连影子都追不上它。在曹操讨伐张绣一战中，身中三箭仍背负主人疾驰，救主而死。

爪黄飞电

爪黄飞电为曹操坐骑，通体雪白，四蹄发黄，气质高贵。

的（dì）卢

的卢为刘备的坐骑，跑得也很快。传说背负刘备跃过了数丈宽的檀（tán）溪，救了主人一命。

羊

羊是最早被人类驯养的动物之一，温顺、合群，经济价值高。

▶ 将羊皮做成羊皮筏子可用来渡河。

▲ 羊肉、羊血和羊奶是滋补身体的美食。

▲ 羊毛可用来制作防寒保暖的毛衣、毛毡等。

◀ 养肝入药后可用于治疗眼部疾病。

▼ 我国江苏和安徽等地自古有入伏后吃羊肉的风俗，由此诞生了自初伏第一天到末伏结束、持续一个多月的传统美食节日——伏羊节。

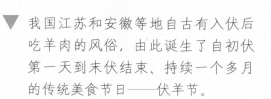

善鲜美祥

▲ 很多含义美好的汉字里都有“羊”。

我和牛都有中空的角，消化系统也很像。

▲ 羊是牛科之下的羊亚科所有动物的统称，所以羊是牛科动物。但我们不能说羊也是牛。

▲ 成语“亡羊补牢”比喻在受到损失之后想办法补救，免得以后再遭受损失。

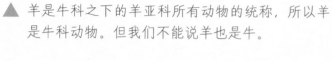

猴

生肖里和人类“亲戚”关系最近的就是猴，你熟悉我们吗？
长鼻猴的鼻子最长，而且鼻子还会随年龄增长而变大。
金丝猴是最珍稀的猴之一。其中川金丝猴、滇金丝猴和黔金丝猴为我国独有。
猕（mí）猴古称沐猴，是我国最常见的猴。

▶ 最著名的猴非大闹天宫、保护唐僧西天取经的齐天大圣孙悟空莫属。后人分析，孙悟空的原型应该是猕猴。

▲ 因为“猴”与“侯”谐音，古人常用猴来表达封拜侯爵的美好愿望。比如这座明朝的“辈辈封侯”石雕，寓意世世代代都能得高官厚禄。

快别假扮人类啦！
怎么扮也一眼就能
看出你是猴子呀。

蜂猴在感到有危险时就会分泌棕色油状的毒液。

侏儒狨猴是最小的猴，体长仅 14 厘米左右。

山魈（xiāo）的体型较大，体长可超过 80 厘米。

▶ 成语“沐猴而冠”指的是猕猴戴着帽子装扮成人的模样。比喻徒有仪表或地位而没有真本领，也可形容坏人装扮成好人。

自春秋时期起民间就有斗鸡的风俗，由清明开始，斗到夏至为止。唐宋时期斗鸡之风更是盛行，唐玄宗就最爱斗鸡。
正规的斗鸡是很文明的，比赛结束后臣子还会写诗献给皇帝。
难怪形容人突然情绪亢奋叫“打鸡血”，你们可真好斗！
中国斗鸡是有两千多年历史的古老鸡种。与普通家鸡相比，斗鸡高大强壮，身长颈长，喙如鹰嘴，性格强悍。

鸡

作为最常见的家禽，鸡有不少厉害的地方。

鸡肉和鸡蛋为我们提供了优质的蛋白质等营养成分。

在生物钟的作用下，公鸡会从半夜开始有规律地鸣叫，叫第三遍时就快天亮了。

这堆蛋比较多，我先来孵它们。

鸡的智商相当于 2 ～ 4 岁的孩子，能计算 5 以下的数字，神奇吧！

中国古代神话传说中的凤凰和重明鸟的原型都是鸡。

鸡叫是在催促咱们练武呢！

成语“闻鸡起舞”说的是晋代名将祖逖（tì）和刘琨（kūn）年轻时半夜听到鸡叫就起床舞剑，期望将来为国家出力。后来比喻志士奋发向上、坚持不懈的精神。

没有哪种动物像狗一样以那么多种方式尽心竭力地为人们服务，人类和狗之间的深厚感情已持续了一万多年。

狗

▲ 狗发现气味的能力是人类的 100 万甚至 1000 万倍！

▲ 狗的听力是人类的 16 倍。

▲ 狗的汗腺不发达，特别怕热，吐舌头通常是为了散热。

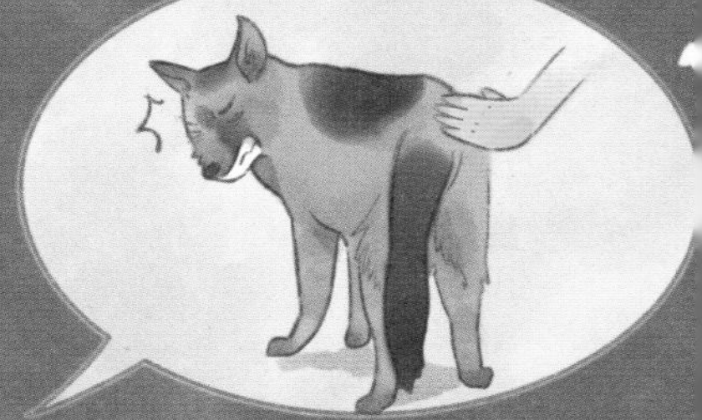

▲ 多数狗不喜欢被摸屁股和尾巴。

▼ 狗就是犬吗？虽然有时这两个字可以混用，但严格意义上的狗指犬科动物里的小型狗，大型狗和小型狗都可以叫犬。犬根据“使用功能”不同还有獒（áo）犬和狻（gēng）犬的叫法。

▲ 黄耳是晋代陆机的狗，传说能听懂人话，替人送信。

我们獒（áo）犬高大强壮，凶猛善斗，擅长护卫！
我们狻（gēng）犬体型偏小，勇敢活泼，擅长捕猎！

◀ 在《西游记》中，哮天犬是二郎神的神兽和法宝，辅助他狩猎冲锋，斩妖除魔。

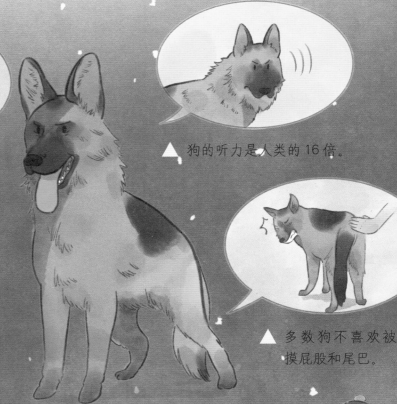

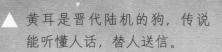

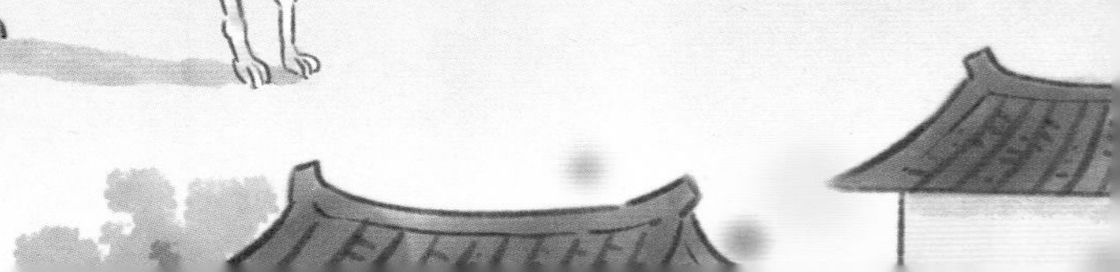

我很忙的，过段时间还得去吞太阳呢。
真想问问天狗月亮是什么味道的。
1
2
3

▼成语“白云苍狗”本意是天上的浮云像白色的衣裳，顷刻之间又变得像灰色的狗，比喻世事变幻无常。

◀古人见到月食现象，认为是天狗在一口一口地把月亮吃掉。等到月亮恢复正常，便认为是天狗把月亮吐了出来。“天狗食日”指日食。

月食有半影月食、月全食和月偏食。

1. 半影月食：月亮进入地球半影时发生，月亮比平时昏暗。
2. 月全食：月亮全部进入地球本影时发生，月亮是暗红色的。
3. 月偏食：月亮一部分进入或离开地球本影时发生，月亮一部分是白色到白黄色的，另一部分是黑色到古铜色的。

猪

猪是人类最早驯养的动物之一，可别认为它又懒又笨，猪的智商超乎人们的想象。

▼ 猪是一种谨慎又聪明的动物，它们懂得规避风险，为自己谋福利。

迷宫走过一次，我就能记住路线，找到藏食物的地点。

▲ 猪其实很讲究，它们会保持吃睡区域的干净整洁，并留出单独的排便区。

如果受到惊吓，我们会立即聚集起来一起逃走，降低被捉住的概率。

▼ 不少名人以猪命名，比如汉武帝刘彻的乳名叫刘彘（zhì），彘是猪的古称；清太祖努尔哈赤名字的含义据推测是“野猪皮”。

“赛大猪”是流行于广东潮汕地区和福建闽南地区的传统民间庆丰年的仪式，比赛谁家的猪被饲养得最肥大、打扮得最漂亮，祈求五谷丰登、六畜兴旺。

冠军猪会被大家抬着巡游，真热闹啊！

我们不仅能在古人的日常生活中处处看见天干地支的影子，还能在一些重大的历史事件中听到它们的名字。甲午战争、戊戌变法、辛亥革命……

（1894 年）

甲午中日战争

1894 甲午年间，日本发动战争，侵略中国和朝鲜。日本蓄谋已久，而当时的清政府政治腐败，官场中各派系明争暗斗，国防军事外强中干，纪律松弛，清军只能仓皇迎战。

▼ 甲午中日战争以中国战败，割地赔款，主权沦丧告终，中华民族面临空前严重的危机。

战争爆发 1894 年 7 月，丰岛海战爆发。日本不宣而战，派出联合舰队袭击中国北洋水师。

萬忠墓
1894.11.21-24
一座骇人听闻的城
一座尸积如山的城
一座鲜血凝固的城
一座殊死抗争的城

第一阶段 1894 年 9 月，日军挑起了平壤战争，清军败退，主帅左宝贵亲燃大炮向敌军轰击，是甲午中日战争中清军高级将领壮烈牺牲的第一人。

第二阶段 1894 年 9 月，中日双方在黄海海域发生海战，北洋水师奋勇杀敌，致远舰管带邓世昌下令开足马力，冲向日舰“吉野号”，准备与敌人同归于尽，不幸被敌人炮弹击中，200 余名将士壮烈殉国。

第三阶段 1894 年 11 月，日军攻陷位于辽东半岛的旅顺，并进行了残忍的大屠杀。

不能把定远舰留给敌人！

第四阶段 1895 年 1—2 月，威海卫战役中，海军提督丁汝昌下令炸毁搁浅的定远舰，宁死不降。北洋水师全军覆没。

战争结束 中国战败，于1895 年签订丧权辱国的《马关条约》。

◀ 北洋水师是清朝近代海军中规模最大的一支舰队，实力曾是亚洲第一、世界第九，后来由于种种原因逐渐落后于日本。

北洋水师拥有包括定远舰、致远舰在内的主力军舰25艘，辅助军舰50艘，运输船30艘，官兵4000余人。

▼ 爱国将领、民族英雄邓世昌的一生虽然短暂，但他的事迹和精神在中国历史上留下了深刻的印记。

青年时在船政学堂学习五年，奋发图强，各门功课考核都是优等。

到英国接舰时认真考察西方海军情况，潜心钻研先进技术和经验。

黄海海战中，按住游过来相救的爱犬“太阳”的头，与致远舰一起沉入大海。

光绪帝为他撰写了挽联“此日漫挥天下泪，有公足壮海军威”。

（1898 年）

戊戌变法

1898 戊戌年间，一场轰轰烈烈的变法运动开始了。以康有为、梁启超为代表的维新派人士在光绪帝的支持下，倡导学习西方先进经验，提倡重视科学文化，改革政治和教育制度，大力发展农业、工业和商业。戊戌变法虽然最终失败了，但在思想文化方面产生了广泛而持久的影响。

戊戌变法从开始到结束历时 103 天，所以也叫百日维新。

变法开始

1898 年 6 月 11 日，清政府颁布“明定国是”诏书，宣布实行变法。

变法措施

1. 改革政府机构，裁撤冗官，任用维新人士。

2. 鼓励私人兴办工矿企业，发展农、工、商业。

3. 开办新式学堂吸引人才，翻译西方书籍，传播新思想。

4. 创办报刊，开放言论。

5. 训练新式军队。

6. 科举考试废除八股文，改试策论。

变法结束

1898 年 9 月 21 日，慈禧太后发动政变，囚禁光绪帝，搜捕维新人士，废除变法诏令，导致变法失败。但变法期间创办的京师大学堂得以保留下来，它是北京大学的前身。

▼ 变法触犯了以慈禧太后为首的顽固派的利益，慈禧太后发动政变后大肆捕杀维新党人。维新志士谭嗣同等六人于9月28日在北京惨遭杀害，史称“戊戌六君子”。其中谭嗣同在狱中写下的绝笔诗传诵至今。

狱中题壁
谭嗣同
望门投止思张俭，
忍死须臾待杜根。
我自横刀向天笑，
去留肝胆两昆仑。
张俭和杜根都是东汉名士，谭嗣同用两人的典故揭露顽固派的狠毒，表达对维新派人士的思念和期待。后两句抒发作者大义凛然、视死如归的雄心壮志。

▼ 政变的背后是慈禧太后与光绪帝反目成仇。

光绪帝亲政后，慈禧太后依然掌握实权，二人起初还算和睦。

慈禧太后发现光绪帝想通过百日维新夺权，于是发动了政变。

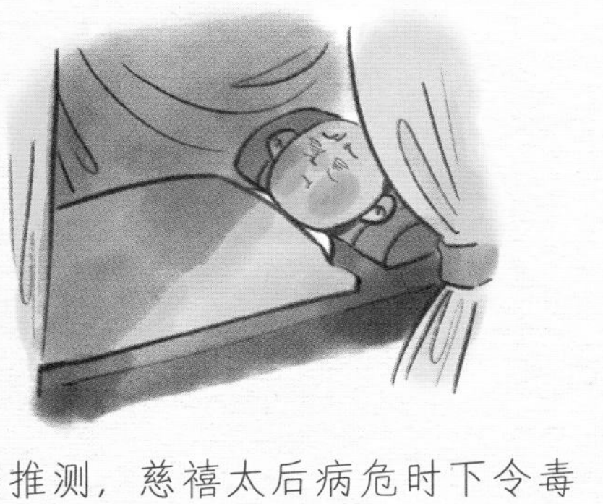

据推测，慈禧太后病危时下令毒死了光绪帝，后比他晚一天死去。

（1900 年）

庚子赔款

1900庚子年间，八国联军侵华，占领北京。次年，清政府被迫签订了丧权辱国的《辛丑条约》，同意赔款白银4.5亿两，分39年还清，这就是庚子赔款。

▼ 庚子赔款总共赔了多少钱？据计算，《辛丑条约》本息加起来的赔款总数约9.8亿两白银。后来形势发展，经过延付、停付及退还，中国实际支付赔款共约5.8亿两白银，约占总数的59%。

当时中国一共4.5亿人，就这样每人都欠了1两银子！

▶ 八国联军在北京城里烧杀抢掠，无恶不作，连紫禁城里大铜缸上镀的一层金子都要用刀刮下来带走。

▼ 为瓜分赔款，列强们争吵得面红耳赤。

国名	简称	赔款大概比例
大英帝国	英	11.3%
美利坚合众国	美	7.3%
法兰西第三共和国	法	15.8%
德意志帝国	德	20.0%
俄罗斯帝国	俄	29.0%
大日本帝国	日	7.7%
奥匈帝国	奥	0.9%
意大利王国	意	5.9%

▶ 美、英、法等列强国家相继与中国订立协定，退还超过实际损失的部分赔款。根据规定，中国每年都需向这些国家输送一定数量的留学生，“庚款留学生”由此产生。

▼ 从 1909 年开始到 20 世纪 30 年代，“庚款留学生”培养了近代中国很多行业的顶尖人才，其中不少人大名鼎鼎。

詹天佑

铁路工程专家，“中国铁路之父”，主持修建了中国自主设计建造的第一条铁路——京张铁路。

京张铁路全长约 200 千米。修建时，最困难的一段在南口至八达岭一带，此处地势险峻，坡度很大。为了让火车能爬坡，詹天佑设计出“人”字形的铁路，每列火车配备两个车头，前拉后推，到了折返点再反过来。

我在美国前三四年是学习，后十几年是工作，所有这一切都是在做准备，为了回到祖国后能为人民做点事。因为我是中国人。

钱学森

“两弹一星”功勋奖章获得者。他是中国航天科技的先驱和杰出代表，是“中国航天之父”和“火箭之王”。

杨振宁

著名理论物理学家，与李政道一起获得诺贝尔物理学奖。

清华大学送给杨振宁的 90 岁生日礼物是一尊“黑水晶”，上面刻着他的四大重要学术贡献：“规范场理论”、“宇称不守恒理论”和他在统计力学、高温超导方面的成就。

（1911 年）

辛亥革命

1911 辛亥年的一声枪响，以孙中山为首的爱国志士敲响了中国两千多年的封建专制的丧钟，树立起振兴中华的民主信念，辛亥革命在民众觉醒中爆发。

▼ 在中国几千年的封建历史上，辛亥革命第一次举起了同君主专制相对立的民主共和大旗，为中华民族走向独立、中国人民走向解放扫除了前进道路上的巨大障碍。

兴起和发展：孙中山奔走多年

孙中山在 1894 年创建了中国近代史上第一个民主革命团体“兴中会”，在 1905 年创建中国第一个全国规模的、统一的资产阶级革命政党“中国同盟会”，广泛传播资产阶级民主共和思想，组织开展武装斗争。

高潮：武昌起义、中华民国成立

1911 年 10 月 10 日，武昌起义在武汉三镇取得胜利。

1912 年 1 月 1 日，孙中山在南京宣誓就任中华民国临时政府大总统，标志着亚洲第一个资产阶级民主共和国——中华民国的诞生。

结局：袁世凯窃取革命果实

革命党不得了，您还是退位吧！
我绝对赞成共和，大总统让给我当吧！

1912 年 2 月 12 日，清朝末代皇帝爱新觉罗·溥仪退位。13 日，孙中山辞职，2 月 15 日，临时参议院选举袁世凯为临时大总统。

▼ 随着民主共和理念的进一步传播，很多愚昧落后的社会习俗逐渐得到改变。可以说辛亥革命也是民俗界的大革命。

男子剪掉辫子，女子停止缠足。

换新式衣服——中山装。

废除跪拜礼，改为鞠躬和握手礼。取消“老爷”“大人”之类的称谓，换成“先生”“君”等。

▼ 在辛亥革命期间，孙中山为了筹集资金，采取了多种政策和策略，除了亲自到各地演讲筹款，他有几大妙招，也有“贵人”相助。

富商哥哥孙眉全力支持。

兴中会入会需要缴费。

海外华侨伸出援手。

发行革命股票和债券。

▼ 辛亥革命是成功了，还是失败了？根据目标完成情况，我们可以这样说：辛亥革命是“既成功，又失败”。

- **辛亥革命**
  - 根本目的
    - **在中国发展资本主义**
    - **摆脱列强欺凌**
    - → **未完成**
  - 直接目标
    - **推翻清朝统治**
    - **建立民主共和国**
    - → **完成**

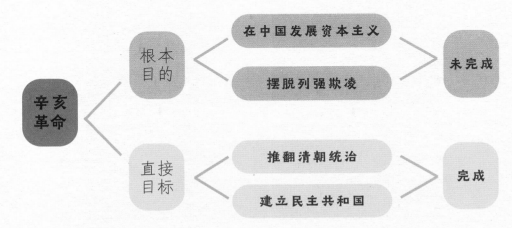

我们的“时光穿越之旅”到这里就要结束了，从古代、近代到我们现在生活的时代，天干和地支一直以它们独特又有趣的方式活跃着。希望这本书能让你更加了解它们，在需要的时候能更好地使用它们。

干支语文小测验

第 1 题：说出以下干支文字的含义

诗句和成语中的干支文字真不少，有的含义很明确，有的需要我们开动脑筋仔细思考。

①出自元代王哲《踏莎行·汞里泉清》

②熊经鸟申

第 2 题：根据图示写出答案

含有干支或属相文字的成语和俗语有很多，看看你还能写出多少个？

①

②比喻敌人奔跑逃窜的狼狈相，也用来形容成群的坏人乱冲乱撞，到处骚扰。

③

［答案］

第 1 题：

①代指西方；②延长伸展，"鸟申"指"鸟伸脚"，"熊经"指"熊攀爬树枝"

第 2 题：

①据为己有；②狼奔豕突；③一朝被蛇咬，十年怕井绳

干支数学小测验

第 1 题：算算家人出生年的年干支

不查万年历，你能说出爸爸妈妈或其他家人出生年的年干支吗？

第 2 题：试试用十二时辰描述上学的一天

昨天你是何时吃的午饭，放学又是何时呢？和小伙伴一起聊聊一天里的各个时辰你们在做什么吧。

第 3 题：算算泾（jīng）河龙王擅改降雨的时辰

《西游记》里的龙王负责按天庭指令降雨，这份工作不好干，泾河龙王就因为擅改降雨量和时辰被斩首了。那他把降雨的时辰改了多少呢？

答案：推迟了一个时辰

图书在版编目（CIP）数据

天干地支：给孩子的中国历法书 / 懂懂鸭著.
北京：电子工业出版社，2024. 11. -- ISBN 978-7-121-48888-7

Ⅰ. P194.3-49

中国国家版本馆CIP数据核字第2024MA2958号

责任编辑：董子晔
印　　刷：北京瑞禾彩色印刷有限公司
装　　订：北京瑞禾彩色印刷有限公司
出版发行：电子工业出版社
　　　　　北京市海淀区万寿路173信箱　邮编：100036
开　　本：889×1092　1/12　印张：7　字数：165千字
版　　次：2024年11月第1版
印　　次：2025年3月第3次印刷
定　　价：88.00元

凡所购买电子工业出版社图书有缺损问题，请向购买书店调换。若书店售缺，请与本社发行部联系，联系及邮购电话：（010）88254888，88258888。

质量投诉请发邮件至zlts@phei.com.cn，盗版侵权举报请发邮件至dbqq@phei.com.cn。

本书咨询联系方式：（010）88254161转1865，dongzy@phei.com.cn。